Lo spazio e il tempo come variabili per

una descrizione ed un monitoraggio sistemico del territorio

Sommario

1 PREMESSA

1.1 Una interpretazione complessa del territorio

Il vero viaggio di scoperta non consiste nel cercare nuove terre,

ma nell'avere nuovi occhi[1]

Per oltre tre secoli la cultura occidentale si è strutturata e organizzata sull'idea che esiste un metodo aprioristico che possa condurre ad una conoscenza oggettiva ed universale: il metodo è quello della scienza galileiana-cartesiana che ha dato sicuramente prova della sua validità con i grandi progressi che hanno migliorato la qualità della vita. L'attuale realtà, però, mette in evidenza che il processo conoscitivo è un processo a posteriori, spesso evolutivo, la cui attuazione è in parte istintiva, inconsapevole quand'anche casuale, in gran parte influenzata dall'ambiente esterno e dal momento che si vive. Questo significa che:

«*è necessario introdurre e potenziare nell'insegnamento lo studio dei caratteri cerebrali, mentali e culturali della conoscenza umana, dei suoi processi e delle sue modalità, delle disposizioni psichiche e culturali che la inducono a rischiare l'errore o l'illusione» (E. Morin 2007, pag.11)*

Il passaggio è cruciale: dalla epistemologia alla meta-epistemologia, ovvero verso un'organizzazione del sapere che pur mantenendo la

---

[1] Aforisma attribuito a Valentin Louis Georges Eugène Marcel Proust (Parigi, 10 luglio 1871 – Parigi, 18 novembre 1922), scrittore, saggista e critico letterario francese.

visione tradizionale, deve tendere a un orizzonte più ampio in cui possa interagire e dialogare con visioni e organizzazioni differenti. Solo un'impostazione circolare e aperta, enciclopedica, nel senso etimologico del termine, può favorire il monitoraggio del presente e la simulazione del futuro assurgendo a vera e propria scienza e come tale ne osserva le regole di sistema complesso.

A seguito alla caduta del formalismo della logica matematica, che si può far coincidere con la pubblicazione della *Teoria dell'indecidibilità* di Kurt Gödel[2], nella seconda metà del Novecento si è sviluppato un interesse crescente verso nuovi metodi di osservazione, ricerca e conoscenza tutti accomunati dall'esigenza collegiale di *andare oltre* per interpretare correttamente quanto osservato e quanto da apprendere. Nasce così la *meta-scienza*, dove i sistemi sono costituiti da elementi che, pur essendo identificabili singolarmente, devono essere valutati assieme al sistema stesso che ne specializza caratteristiche e funzionalità.

Utilizzando la metafora del mercato rionale, è come se si volesse interpretare il comportamento dei visitatori facendone parte: ovviamente non si può! È necessario salire *in terrazza* e lo sanno bene i gestori dei supermercati che mettono le caramelle vicino alle casse dove

---

[2] In logica matematica, i teoremi di *incompletezza* o *indecidibilità* sono due famosi teoremi dimostrati da Kurt Gödel nel 1931. Attraverso di essi, grazie alla formalizzazione matematica di paradossi come quello del "mentitore", Gödel dimostra che all'interno di qualsiasi teoria, coerente e completa, sia possibile dimostrare una certa affermazione, ma, contemporaneamente, anche la sua negazione. Tale dimostrazione va a minare due millenni di logica aristotelica basata sui principi di non contraddizione (non può essere contemporaneamente vero un enunciato e il suo opposto) e del terzo escluso (per un qualsiasi enunciato vale o l'enunciato stesso o la sua negazione: mai entrambi).

il bambino, impaziente di fare la fila, implora la mamma di comprargli il dolce.

L'approccio sistemico è un paradigma che per primo è stato abbracciato dalla psicologia della Gestalt[3], ulteriormente specificato dalla *Esperienza Sociale* di Lev Vygotskij[4] e che diverse branche della scienza, successivamente, fanno evolvere in maniera significativa; ne sono un esempio il principio ologrammatico di Edgar Morin[5], in sociologia, e la teoria dei frattali di Benoît Mandelbrot[6] in matematica.

Nasce così la *complessità*, ovvero l'approccio sistemico nell'osservazione e nell'interpretazione della realtà. Fin dalla prima metà degli anni '90 del secolo scorso, la complessità diventa il paradigma del tessuto connettivo della multidisciplinarietà. Sia la fisica, la biologia, le scienze cognitive, le scienze sociali, sia discipline come la matematica e la scienza dell'informazione (inizialmente cibernetica), ognuna focalizzata

---

[3] Il "tutto è più delle sue parti".

[4] L'esperienza sociale per la quale non si dispone soltanto delle connessioni formatesi nella esperienza personale tra i riflessi incondizionati e i singoli elementi dell'ambiente, ma anche di un gran numero di connessioni che sono state fissate nell'esperienza degli altri uomini.

[5] Il principio *ologrammatico*, indica la prospettiva secondo cui non solo la parte è nel tutto, ma il tutto è nella parte, così come accade nell'immagine prodotta da un ologramma o da un frattale. Il principio ologrammatico è presente nel mondo biologico e in quello sociale. Per esempio, la totalità del patrimonio genetico che definisce l'individuo è presente in ogni singola cellula di quello stesso individuo che le cellule compongono; allo stesso modo, l'individuo è parte della società, ma la società è presente in ciascun individuo attraverso la sua lingua, la sua cultura e le sue regole sociali. Questo principio quindi, costituisce un superamento tanto rispetto al riduzionismo che vede solo le parti del sistema, quanto rispetto all'olismo che vede solo il sistema come un tutto.

[6] Benoît Mandelbrot (Varsavia, 20 novembre 1924 – Cambridge, 14 ottobre 2010) matematico polacco naturalizzato francese, noto per i suoi lavori sulla geometria dei frattali.

su specifiche visioni e interpretazioni della realtà, sentono la necessità di fornire una visione globale della stessa. Il superamento di una visione parziale verso una considerazione multidisciplinare può essere attuata se si configura la complessità come un percorso del pensiero scientifico, e non come:

> *«una nuova costruzione teorica o un nuovo schema logico-formale astratto per reinterpretare gli elementi compresi entro un paradigma già esistente» (Bertuglia e Vaio 2011, p. 309).*

Il percorso è, e si è dimostrato, arduo e richiede grandi sforzi di collaborazione. Un esempio è costituito dalla nascita dell'Istituto Santa Fé[7], centro di ricerca privato, indipendente e *trans-disciplinare* il cui intento è quello di superare le differenti suddivisioni tra le varie matrici disciplinari della scienza per annettere ed integrare i loro rispettivi contributi teorici e metodologici in un unico nuovo corpo disciplinare. Si sostanzia così il concetto di *meta-* che afferma che un sistema può essere descritto completamente solo se compreso in uno, più grande, a cui è collegato da relazioni; dalla fisica alla meta-fisica, dalla matematica alla meta-matematica … dalla scienza alla meta-scienza.

L'affermazione delle teorie e dei metodi della complessità si è imposta storicamente ed in maniera prevalente, nell'ambito di discipline scientifiche (matematica, fisica, chimica) ma la ricerca di risposte sempre più chiare ai problemi emergenti dell'attualità ha contribuito allo sviluppo di relazioni anche con altre scienze considerate più *umanistiche* quali la sociologia e la psicologia.

---

[7] http://www.santafe.edu.

Ma cosa è la complessità? Darne una definizione risulta un processo problematico, in quanto, nonostante il concetto origini, a cavallo tra l'Ottocento e il Novecento, in maniera quasi spontanea e indipendente all'interno di aree di diversa indagine scientifica, trasferendo concetti e modelli da una disciplina ad un'altra, il suo campo di definizione non è stato ancora formalizzato in maniera chiara ed univoca. C'è addirittura chi, come Edgar Morin (1985), fa di quest'asserzione un punto di forza, affermando che se la complessità si potesse definire non sarebbe più tale. Se si ha difficoltà a dare una definizione di complessità come sostantivo, diventa più semplice quando questa si accompagna, come aggettivo, a un sostantivo già noto alla nostra esperienza: è il caso per esempio del concetto di *sistema*.

Un sistema si considera *complesso* quando, seppur costituito da un numero limitato di agenti (per esempio una cellula), è difficile prevederne il comportamento futuro in quanto non risponde a regole note, ma dipende dalle relazioni nel tempo tra gli agenti del sistema e l'ambiente esterno. Ambiente che fornisce al sistema quegli stimoli che ne originano la vita, in quanto ne determina la dinamicità necessaria a ritornare al suo stato di equilibrio (caratteristica dell'*adattività* all'ambiente). Un sistema che si adatta all'ambiente in cui è immerso, nel tendere al raggiungimento del suo stato di equilibrio iniziale, sviluppa continue relazioni tra i suoi agenti rispondendo a feedback esterni (caratteristica della *dinamicità*) che a loro volta si traducono in un comportamento di sopravvivenza e di auto-sostentamento del sistema stesso (caratteristica dell'*autopoietismo*).

In altre parole un sistema è complesso quando è difficile se non addirittura impossibile ricondurre la sua descrizione ad un numero di parametri e variabili definito: il rischio che si corre è quello di perderne l'essenza globale e, di conseguenza, le sue caratteristiche e proprietà funzionali.

Sotto questo aspetto vale la pena evidenziare la profonda differenza tra il concetto di sistema complicato e sistema *complesso*. Si rientra nel primo caso quando si è di fronte a situazioni, a volte difficili da analizzare, ma di cui se ne conoscono le regole: l'organizzazione di una sessione elettorale o la rappresentazione teatrale di un'opera lirica, sono due eventi molto complicati da gestire, ma se ne conoscono date, scenografie, spartiti, attori e tempi. Di contro, si rientra nel secondo caso quando non si conoscono le regole del gioco: l'esito delle sessioni elettorali, dipende esclusivamente dal comportamento degli elettori e il risultato finale si può ipotizzare di predire con tecniche per esempio di exit-poll e di Sentiment Analysis, ma la certezza finale si raggiunge solo a conclusione della partita.

Un computer è un sistema complicato in quanto è tendenzialmente prevedibile e deterministico: a specifici input corrispondono altrettanti output; lo studio di una frana, è un sistema complesso in quanto le componenti esterne che la sollecitano non sempre sono prevedibili in termini di misurazione e di comportamento.

Per affrontare l'analisi di un qualsiasi sistema è necessario adottare un duplice approccio. Il primo, riduzionista, ci permette di conoscere quali sono gli agenti, ovvero le parti che lo compongono e le loro funzioni, caratteristiche e specificazioni. Il secondo è un approccio sistemico, finalizzato a interpretare la rete delle relazioni tra gli elementi che lo costituiscono (l'osservato) con l'ambiente esterno, e quindi, con l'osservatore. Il ruolo dell'osservatore diventa fondamentale in un sistema complesso perché ne determina il modello di rappresentazione e di interpretazione che, quindi, per definizione non può essere assoluto e a valenza generale.

Secondo questo nuovo approccio, ci si allontana dall'oggettivismo della scienza classica e si approda verso il paradigma relazionale e dialogico riscontrabile, anche se con modalità e sfaccettature diverse, nel pensiero di numerosi autori (come per esempio Edgar Morin, Gregory Bateson, Niklas Luhmann, ecc…).

È così che l'analisi e lo studio della realtà acquistano le dimensioni delle variabili dello spazio e del tempo che ne scandisce l'evoluzione. I modelli cambiano nel tempo e ciò che oggi è definito come *caos* e incomprensibile, domani potrebbe non esserlo o, viceversa, si potrebbero scoprire limiti di interpretazione e di significatività.

2 LO SPAZIO

La necessita di attribuire un intervallo di valori ad una particolare proprietà o caratteristica fisica di una porzione della materia esiste dall'antichità. Concetti come la definizione di uno spazio metrico e di conseguenza lo sviluppo di operazioni che permetterebbero la discretizzazione di tali intervalli di valori hanno preoccupato gli studiosi fin dall'inizio della storia dell'umanità. Nasce così il concetto di misura che nonostante l'evoluzione delle scienze matematiche, anche in forma applicata, continua ad interessare gran parte dei studiosi in tutto il mondo.

Quando l'operazione di una misura interessa quantità metriche legate al territorio si parla di tecniche topografiche. Queste ultime, con l'introduzione dei potenti mezzi di calcolo nati nei ultimi decenni si sono significativamente evolute nella loro più moderna versione chiamata Geomatica. Con il termine Geomatica si definisce la scienza che rappresenta l'integrazione di tecniche che permettono lo studio del territorio e dei artefatti sviluppatesi nel tempo al fine di acquisire, integrare, trattare, analizzare, archiviare e divulgare dati spaziali georeferiti in formato digitale. Questa integrazione consente la genesi di numerose soluzioni per rispondere a diverse esigenze come la protezione e la prevenzione territoriale, lo studio dell'evoluzione dello steso e la gestione di emergenze come le calamità naturali.

2.1 Misure per il controllo del territorio

Ogni comunità, attraverso la sua storia e le sue memorie collettive, ha il dovere di conservare, identificare e adeguatamente gestire il proprio patrimonio che, purtroppo, è spesso soggetto a trasformazioni dovute al tempo, ai fattori antropici o a danni causati da fenomeni naturali [Dominici et. al. 2013]. Per questo motivo, la documentazione deve essere realizzata in modo da mantenere, nel modo migliore, le informazioni legate al territorio oggetto di osservazione e, di conseguenza, poterle conferire a beneficio delle generazioni future. In questo contesto, l'identificazione e la gestione ottimale del territorio può essere significativamente facilitata dall'uso di tecniche geo informatiche come il rilievo geodetico, l'osservazione dallo spazio, la fotogrammetria e tante altre. Nel caso particolare di monitoraggi strutturali, per esempio di un bene architettonico, sono necessarie tecniche dotate anche di un controllo qualità sulla propagazione degli vari errori nelle misure. In quest'ottica, nasce l'esigenza di realizzare un database in grado di contenere una documentazione dettagliata, sia quantitativa, sia qualitativa, tale da permettere la corretta e globale elaborazione delle informazioni e, quindi, la successiva divulgazione dei risultati.

L'aspetto sistemico dell'analisi impone l'integrazione delle varie tecniche geomatiche che consentono, in questo modo di applicare metodologie versatili in grado di individuare e rilevare le caratteristiche particolari di strutture anche complesse.

Allo scopo, si generano dei modelli geometrici tridimensionali al fine di restituire, in vari formati digitali, informazioni complesse di natura, strutturale ed architettonica, risultanti della combinazione tra il potenziale visivo delle immagini del bene oggetto di osservazione e la precisione del relativo rilevamento geometrico [Dominici et. al. 2013].

Seguendo questo approccio, nel seguito si presentano alcune delle varie tipologie di rilievo che si possono adottare ai fini della documentazione e del monitoraggio di una porzione del territorio, di un'opera d'arte, piccola o grande, di un bene architettonico o di uno scenario complesso che contiene parte o anche tutti i elementi citati.

2.2   Introduzione al monitoraggio Geomatico

I punti di una struttura, per effetto di carichi e di forze generate da vari fenomeni, subiscono **movimenti** che, in relazione a due determinati istanti di tempo si possono qualificare come **spostamenti**. Ci si mette nella condizione di poter definire i punti della struttura rispetto a un sistema di riferimento, quindi si presenta la necessità di valutare nel corso del tempo la stabilità dei punti di questo sistema. I punti che permettono dimostrare che non hanno subito spostamenti reali si chiamano capisaldi [W.F. Caspary, 1987]. In questo contesto, si può dire che un punto subisce uno spostamento reale quando varia la sua posizione rispetto a degli altri punti considerati fissi.

Tali spostamenti possono interessare la struttura, sia intesa come corpo rigido che si muove rispetto a punti del terreno circostante, sia come un corpo deformabile, più o meno elastico, i cui punti subiscono deformazioni rispetto ad altri punti della struttura.

In questo contesto, per il controllo delle strutture dobbiamo determinare [R.Galetto & A.Spalla, 2007]:

- spostamenti;
- deformazioni;
- inclinazioni.

Questi termini si possono tradurre in:

- spostamenti assoluti, che a loro volta si classificano in orizzontali e verticali;

- spostamenti relativi sempre classificati in quelli orizzontali e quelli verticali.

Lo spostamento assoluto di un punto, per esempio appartenente ad una struttura, si determina quando cambia la sua posizione rispetto ai capisaldi. Dire che un punto ha subito uno spostamento assoluto è come dire che ha subito uno spostamento reale. Lo spostamento relativo di un punto, si determina quando cambia la sua posizione rispetto a punti che possono subire anch'essi cambiamenti di posizione. Ci può essere spostamento relativo di un punto rispetto a un altro se uno dei due ha subito uno spostamento reale e l'altro è rimasto fermo o se entrambi i punti hanno subito spostamento. Può nascere in questo modo una certa ambiguità perché nessuno dei due punti a volte è un caposaldo. In questi casi bisogna fare molta attenzione nell'effettuare un rigoroso controllo qualità su tutti i risultati, dato che tali punti possono non aver subito spostamento reale. In questo caso si parla di spostamento rigido o rototraslazione rigida.

Il monitoraggio diventa la condizione essenziale per definire sistemi di allarme e prevenzione per eventuali danni materiali e antropici. In questo contesto, la stima delle posizioni dei vari punti, misurati in più epoche, permettono la definizione degli spostamenti o delle varie deformazioni. Questi si possono stimare con diverse metodologie, quali, ad esempio non esaustivo, il rilievo topografico, la scansione laser, la fotogrammetria digitale etc. Tali metodologie che alcune volte sembrano essere alternative l'una all'altra, si devono integrare in una sorta di competizione tecnico-economica. Di seguito si citano brevemente le metodologie di rilievo e monitoraggio più significative.

Posizionamento satellitare - GNSS

Tecnica di rilievo tridimensionale, effettuata dallo spazio, utile sia per un inquadramento generale di tutti i rilievi locali in un unico e omogeneo sistema di riferimento (DATUM) che per la misura dei punti stessi. Il GNSS viene spesso utilizzato per controlli di versanti in frana in modalità statica (precisione millimetrica) oppure in tempo reale mediante ricezione di dati di supporto provenienti da una rete di stazioni permanenti di vertici noti (con precisione centimetrica) [L.Biagi, 2009].

Rilievo topografico tradizionale

La tecnica consiste nell'effettuare osservazioni di angoli e distanze usando uno strumento posizionato nelle vicinanze della zona da rilevare chiamato Stazione Totale (abbreviato a TS dal inglese Total Station). I vantaggi della tecnica sono certamente la sua grande accuratezza ottenibile abbinata ad una precisione del millimetro [Bonci et. al. 2008]. Di contro, i rilievi con la stazione totale richiedono grandi risorse per le fasi di progettazione della rete, il rilievo e il trattamento statistico che permette di stimare le coordinate richieste. Un ulteriore svantaggio è il tempo necessario sia per la misura.

Fotogrammetria digitale

Le tecniche fotogrammetriche hanno permesso negli ultimi anni la definizione con relativa facilità, e in tempi relativamente brevi, modelli tridimensionali di edifici presenti nel territorio o del territorio stesso, sia da terra, sia attraverso sensori montati su veicoli aerei radiocomandati. [Eisenbeiss et. al., 2011]. L'uso delle tecniche fotogrammetriche è impiegato soprattutto per un'analisi qualitativa, dato che allo stato dell'arte delle metodologie di elaborazione, non si riesce a raggiungere un ordine di accuratezza simile a quello del rilievo tradizionale. Nonostante ciò, il valore aggiunto della fotogrammetria è significativo dato che permette una veloce analisi dello stato conservativo del bene in esame, identifica l'eventuale presenza di anomalie geometriche e permette la determinazione di un eventuale necessità per ulteriore approfonditamente e rilievi.

Livellazione geometrica

Tecnica di misura estremamente precisa e affidabile. La precisione delle misure raggiunge, in certi casi, accuratezze dell'ordine del centesimo del millimetro rendendo tale tecnica ideale per collaudi statici di strutture portanti. Di contro la tecnica ha limiti di applicazione legati alla durata di rilievo e al fatto che un solo punto si misura in ogni instante. Per questo motivo la tecnica viene impiegata soprattutto per stimare i dislivelli tra le fasi di carico e scarico di una qualsiasi struttura (collaudo ponti, solai etc.)

La scelta della tecnica di monitoraggio più adatta

Nella scelta della tecnica più adatta ad un tipo di rilievo si valutano numerose variabili, come per esempio precisione richiesta, affidabilità rispetto alla determinazione dei vari errori, la sensibilità strumentale nei minimi spostamenti, il tempo necessario per ogni rilievo, la complessità delle operazioni di elaborazione delle osservazioni ed altro. Un operazione necessaria a prescindere della tecnica geomatica scelta è la definizione e progettazione delle caratteristiche attese dalla rete di misure in esame. Infatti, la progettazione di una rete nasce dalla necessità di soddisfare particolari e ben definiti obiettivi per i quali la stessa rete deve essere impiegata. Questo corrisponde alla risoluzione di un problema di ottimizzazione, ossia la massimizzazione di una determinata funzione obiettivo rispetto alle risorse richieste per esecuzione stessa. Trattasi di una fase molto importante dato che deve evitare qualsiasi situazione non ottimale legata alle campagne di misura o il ripiego su alternative molto costose. In questa fase vengono incluse le seguenti operazioni [Grafarend et al 1987]:

- scelta di un sistema di riferimento ottimale: questo deve anticipare un certo modello di deformazione dei punti da monitorare e deve essere tale da indicare le parti più importanti della struttura e dove i punti di riferimento sono meglio identificati;

- otima della precisione delle osservazioni basata sugli strumenti scelti e dal numero di misurazioni per osservazioni;

- scelta dei pesi ottimali da attribuire a tutte le osservazioni, una volta fissata una certa configurazione;

- miglioramento delle qualità della rete mediante aggiunta di ulteriori punti di osservazioni.

Nell'analisi delle deformazioni, la creazione di una configurazione ottimale della rete di misura riveste un ruolo strategico al fine di [Dominici, 1989]:

- raggiungere le precisioni desiderate e progettate;
- definire un programma di misure compatibile con i vincoli di costo e tempo;
- stabilire un modello matematico adatto alla descrizione dei fenomeni indagati.

Una rete topografica va progettata, comunque, tenendo presente che è necessario eseguire misure in numero sovrabbondante per poter aumentare l'affidabilità delle operazioni di campagna. La materializzazione dei vertici di una rete è un punto d'importanza fondamentale: si fa spesso uso di manufatti consolidati per garantire che lo stazionamento dello strumento di misura sia eseguito sempre sullo stesso punto nelle diverse campagne di rilievo. Le diverse campagne di misure in differenti periodi saranno elaborate attraverso diverse strategie di elaborazioni basate sui semplici concetti della ridondanza, criterio dei minimi quadrati e controllo di reliability.

2.3 Compensazione Statistica delle misure.

Eseguire la misura diretta di una grandezza significa effettuare un confronto tra la grandezza data ed una grandezza ad essa omogenea costruita con un certo numero di quantità uguali definite come "unità campione". Stabilita l'uguaglianza tra le due grandezze si può, contando il numero di unità campione, associare alla grandezza data un numero

che rappresenta la misura diretta della grandezza [Viscomi S., 2006].
Nasce proprio dal concetto di misura la **teoria degli errori** che
rappresenta quella branca della metrologia che si occupa della
classificazione degli errori dovuti alla misura di una quantità. Le misure
infatti sono sempre affette da errori che si possono classificare nelle
seguenti tre categorie fondamentali [Cefalo e Manzoni, 2003]:

- errori grossolani: dovuti a sbagli o disattenzioni che si possono
  commettere in sede di esecuzione delle misure o di
  registrazione dei risultati delle stesse;
- errori sistematici: dovuti a cause preventivamente determinabili;
- errori accidentali: regolati dalla casualità e dalle leggi della
  probabilità.

Essendo i dati spaziali prodotti da osservazioni di tipo geodetico –
topografico contengono le imperfezioni appena descritte che sono state
affrontate inserendo procedure di compensazione statistica delle
misure.

Per minimizzare il problema degli errori, vengono prodotte delle
misurazioni in quantità superiore al numero delle misurazioni
strettamente necessario. Questo allo scopo di:

- ridurre l'effetto degli errori casuali;
- consentire l'istituzione di un controllo reciproco delle misure
  che permette l'individuazione di eventuali errori grossolani
  presenti tra le misure;
- permettere di valutare la precisione raggiunta nella
  determinazione delle coordinate incognite grazie alla

valutazione del livello di accordo tra le misure sovrabbondanti, tenuto conto del grado di attendibilità assegnato a ciascuna.

Questo approccio consente di utilizzare contemporaneamente tutte le misure, dando un'accurata indicazione della precisione raggiunta nella stima delle coordinate, e segnalando l'eventuale presenza di errori grossolani. In quest'ottica, si va a definire la compensazione delle misure al fine di determinare le correzioni da assegnare ad ogni osservazione (quindi ai valori approssimati dei parametri incogniti). Ciò permette di rendere le misure congruenti, tali da soddisfare tutte le loro relazioni geometriche.

Secondo quest'approccio, si passa dal valore misurato della grandezza osservata L, al valore compensato $L^1 = L + v$ che rappresenta la stima del valore della grandezza misurata (v) [G. Sisto 2012]

In altri termini, si devono scegliere le correzioni in modo che la somma dei loro quadrati sia la minima possibile compatibile al soddisfacimento dei vincoli del problema. Ad ogni osservazione gli può essere assegnato un "peso" P rispetto alle altre e il criterio diviene il seguente:

$$\sum_{i=1}^{i=n} v^2 * P \rightarrow minimo$$

L'espressione viene elaborata sempre sotto il rispetto dei vincoli cui devono sottostare le grandezze osservate. Il peso, il grado di fiducia da attribuire all'osservazione, può essere definito ricorrendo a considerazioni statistiche. Si considera risultato di un'osservazione dato dalla somma del valore "vero" L^1 e più un residuo ε, distribuito secondo la distribuzione normale a media nulla e varianza σ^2.

Di seguito un grafico che evidenzia la *distribuzione normale* della propagazione di un errore all'interno di una serie di osservazioni:

$$l = L + \varepsilon \quad E(\varepsilon) = 0 \quad var(\varepsilon) = \sigma^2$$

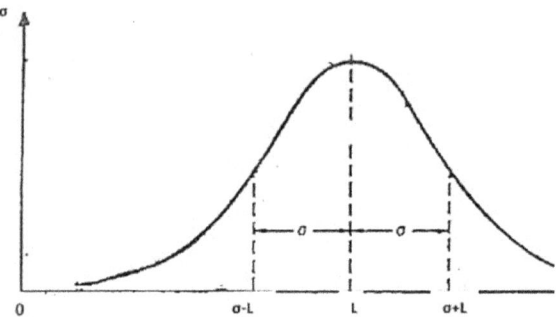

2.4   Misure dallo spazio – GNSS

Il sistema GNSS (Global Navigation Satellite System) è il sistema globale di navigazione satellitare che rappresenta l'integrazione dei diversi sistemi satellitari quali GPS, GLONASS e GALILEO. Questo consente di determinare le coordinate di un qualsiasi punto della superficie terrestre riferite ad un Datum geocentrico denominato WGS84. Il sistema si compone di un segmento spaziale rappresentato dai satelliti in orbita intorno alla terra ad una distanza di circa 26.000 km, dal segmento di controllo rappresentato da 5 stazioni a terra che hanno il compito di controllare e gestire il sistema e il segmento di utilizzo rappresentato dagli utenti che, tramite un ricevitore, acquisiscono il segnale emesso dai satelliti. Una volta acquisito il segnale, il ricevitore è in grado di stimare le coordinate dei punti. Le misure GNSS possono essere eseguite in varie modalità; per poter meglio comprenderle, bisogna prima analizzare la struttura del segnale emesso dai satelliti.

Il segnale GNSS ha una frequenza fondamentale $f_0=10,23$ Mhz generata da oscillatori a bordo dei satelliti stessi. A partire da questa frequenza vengono generate due sinusoidi, cosiddette portanti L1 e L2, diversi codici binari ed infine il cosiddetto messaggio navigazione D che contiene le effemeridi dei satelliti, ossia i dati descrittivi della posizione dei satelliti. Le due portanti L1 e L2 sono multipli della frequenza fondamentale caratterizzate da una lunghezza d'onda di 19.029 cm (L1) e di 24.021cm (L2). Le onde portanti vengono modulate per mezzo di codici binari (+/- 1), definiti pseudo-random noise (PRN); la presenza dei diversi codici è legata essenzialmente alla tipologia di utilizzo finale (uso militare o civile). In particolare esistono:

- C/A (Coarse Acquisition), disponibile per uso civile e modula solo la portante L1;
- L2C (L2 Civilian);
- P(Y) (Encrypted Precise Code);
- M (Military).

In sintesi, un ricevitore GPS può effettuare due tipi di misure utilizzando il segnale nella sua completezza: la misura di codice (pseudo range) e la misura di fase.

Nelle misure di codice viene determinato il *tempo di volo*, ossia l'intervallo temporale tra la trasmissione del segnale da parte del satellite e la ricezione nel ricevitore per poter ricavare lo pseudo-range (distanza tra satellite e ricevitore). Dato che il sistema è insito degli offset del satellite e del ricevitore a causa delle diverse precisioni degli orologi a bordo, l'equazione finale sarà:

$$P_i = \rho + c \cdot (dT - dt^{Si}) + \Delta_{ion} + \Delta_{trop} + \varepsilon_p$$

dove:

P_i = misura osservata tra satellite j e ricevitore i;

$$\rho = \sqrt{(X^j(t) - X_i)^2 + (Y^j(t) - Y_i)^2 + (Z^j(t) - Z_i)^2}$$

che rappresenta la distanza geometrica tra satellite j e ricevitore i;

dove:

- $c \cong 3*108$ m/s = velocità della luce nel vuoto;
- dT = offset dell'orologio del satellite;
- dt = offset dell'orologio del ricevitore;
- Δ_{ion}= errori relativi al disturbo ionosferico;
- Δ_{trop}= errori relativi al disturbo troposferico;
- ε_p = contributi di errori casuali (multipath, rumore elettronico di misura, ecc.)

Analogamente alle misure di codice, la distanza satellite-ricevitore può essere ottenuta ricavando la differenza di fase espressa in cicli fra la portante generata dal satellite ed una sinusoide di uguale frequenza generata dall'oscillatore interno del ricevitore. In realtà viene misurata solo la parte frazionaria della differenza di fase e non il numero intero di cicli trascorso dall'invio del segnale; quest'ultimo termine viene considerato come incognita nell'equazione finale di misura e prende il nome di ambiguità (N).

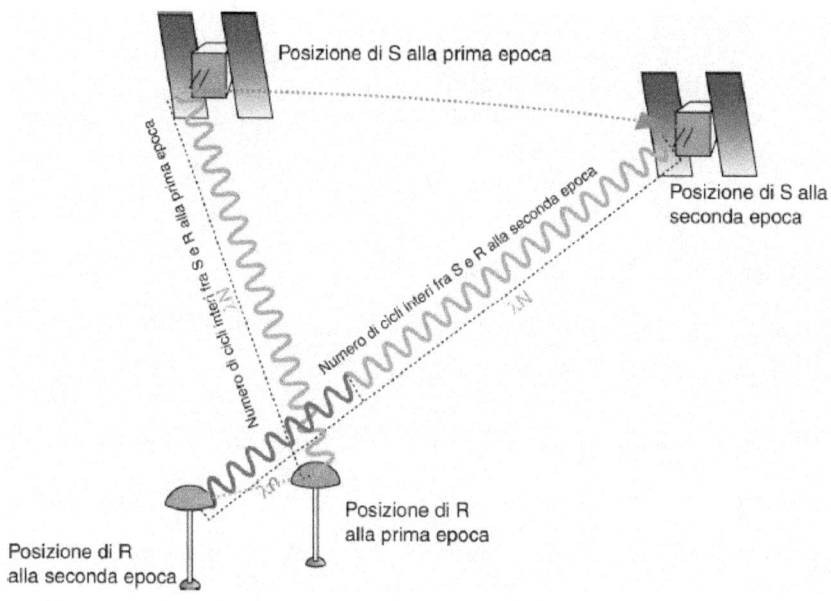

Figura 1 Schema misure di fase, L.Biagi (2009)

La determinazione dell'ambiguità di fase viene risolta osservando un satellite per più epoche e quindi deve essere mantenuto costante il contatto con lo stesso satellite alle varie epoche di acquisizione (vedere figura precedente). L'equazione finale dell'osservazione di fase è:

$$L_{L1}(t) = \rho_R^S(t) + c(dt_R(t) - dt^S(t)) - \Delta_{ionL1R}{}_R^S(t) + \Delta_{trop}{}_R^S(t) + \lambda_{L1}N_R^S$$

dove:

- ϱ = distanza geometrica tra satellite j e ricevitore i;
- l = lunghezza d'onda del segnale;

- N = ambiguità intera iniziale;

- Δ_{Ion} (negativo) e Δ_{Trop} sono il disturbo ionosferico e troposferico;

- dt_R e dtS sono l'offset dell'orologio del ricevitore e dell'orologio del satellite.

2.5   Tecniche di Rilievo GNSS

Le misure GNSS possono essere eseguite in diverse modalità per la determinazione della posizione di un punto. Ciò dipende principalmente dalle precisioni e dai tempi richiesti dal rilievo. Si possono definire rilievi statici e cinematici.

Il rilievo statico consiste nel posizionare un ricevitore GNSS sul vertice da rilevare per una durata variabile a seconda delle precisioni da raggiungere. La durata della sessione di misura dipende da diversi fattori, come per esempio lo scopo del rilievo e l'ampiezza della rete. I dati acquisiti vengono processati con opportuni software, dai quali si ricavano le posizioni relative dei vertici tramite "baseline". La posizione finale dei vertici verrà stimata attraverso la compensazione delle rete tridimensionale. Lo statico è la tecnica utilizzata per rilievi di controllo e di alta precisione in quanto consente di arrivare a precisioni millimetriche e sub-millimetriche.

La modalità cinematica è una tecnica che consiste nell'utilizzare un ricevitore fisso (stazione master) che possiede una posizione nota e un secondo ricevitore, detto rover, è posizionato sui punti da determinare.

In questo caso bisogna porre attenzione per *seguire* il segnale onde evitare interruzioni della trasmissione tra la stazione master e il rover (cycle slip). Si possono trattare i dati "raw" (grezzi) con un apposito software per definire il tracciato da cui estrapolare le informazioni sui punti acquisiti. Altrimenti con l'utilizzo di ulteriori accessori, tipo un modem GSM, collegato alla stazione master, si possono eseguire rilievi in tempo reale di tipo DGPS o RTK. Le precisioni variano a seconda della modalità di esecuzione del rilievo: si possono ottenere precisioni centimetriche per rilievi cinematici con elaborazione dei dati in post-processing e per modalità in tempo reale utilizzando le misure di fase (RTK); una degradazione della precisione si ha nella modalità di rilievo in tempo reale che utilizzano le osservazioni di codice (DGPS).

L'utilizzo della tecnica RTK viene sviluppata tramite la disponibilità di Stazioni permanenti distribuite in maniera uniforme sul territorio e gestite da diversi enti o ditte private. Ad esempio nella regione Campania esistono diverse Stazioni Permanenti afferenti a più reti come le reti Italpos e Netgeo private e a copertura nazionale e la rete della regione Campania gestita dalla Regione stessa.

2.6   Bibliografia

- Tesi di Dottorato Marcella Mannina, contributi della geomatica nella salvaguardia e gestione dei beni culturali, Università di Bologna, DICAM DOTTORATO DI RICERCA IN Ingegneria Geomatica e Trasporti Ciclo XXIV, 2012.

- R.Galetto, A.Spalla - Lezioni di Topografia - La tecnica topografica nei collaudi e controlli di grandi strutture 2007.

- L. Biagi, "I fondamentali del GPS" (2009), Geomatics Workbooks, Vol. 8. ISNN: 1591-092X.

- L. Bonci, S. Calcaterra, P. Gambino, F. Vullo, Geodetic monitoring with total station in emergency condition in Gianicolense district (Rome), ISPRA, S.EL.CA, 2008.

- Eisenbeiss H., Sauerbier M., 2011. "Investigation of uav systems and flight modes for photogrammetric applications" *The Photogrammetric Record* 26(136): 400–421 (December 2011) DOI: 10.1111/j.1477-9730.2011.00657.x

- Grafarend, E.W., Sanso, F., 1985.Optimization and Design of Geodetic Networks .Springer.

- Donatella Dominici: PhD Thesis on Analyzing techniques of three-dimensional control networks, surveyed both with classic methods and GPS. Univ.Of Bologna – 1989.

- Salvatore Sandro Viscomi, Il trattamento delle osservazioni in topografia, 2006 www.topografi.it.

- Cefalo R., Manzoni G. "GPS- Teoria ed Applicazioni", Ed. Goliardiche, Trieste, 2003.

- Tesi di laurea in tecniche di rilevamento per il monitoraggio del territorio m analisi delle deformazioni e tecniche di progettazione di reti per il monitoraggio. Giuseppe Sisto, 2012.

- Massachusetts institute of Tecnology Proceedings of the deformation measurements workshop - modern methodology in precise engineering and deformation surveys II, October 31, 1987.

- W.F. Caspary. "Concepts of networks and deformation analysis" March 1987, University of New Wales, Kensington, Australia.

- Dominici D., Fastellini G., Radicioni F., Stoppini A., 2008: An integrated monitoring system for the monumental walls of Amelia. Proc. of "Measuring the Changes", 13th FIG International Symposium on Deformation Measurements and Analysis - 4th IAG Symposium on

Geodesy for Geotechnical and Structural Engineering, Lisbon, 2008 Brigante R.,

- Abbaneo S, Berra M, Binda L, Fatticcioni A. Nondestructive evaluation of bricks-masonry structures: calibration of sonic wave propagation procedures. Proc Int. Symp Non Destructive Testing in Civil Engineering, Germany, 1995, 253-260.

- Zogg H, Lienhart W, Nindl D. The Art of Achieving Highest Accuracy and Performance, Leica Geosystems, AG Heerbrugg, Switzerland, 2009.

- Cina A. GPS Principi Modalità e Tecniche di Posizionamento. CELID Publications, Italy, ISBN: 88- 7661-417-6, 2000.

- F. Guerra, C. Balletti, A. Adami, 2005 *3D multiresolution representations in archaeological sites*, Proceeding of CIPA 2005 XXInternationa al Symposium "International cooperation to save the word's cultural heritage", Torino, 26 settembre – 01 ottobre 2005.

3 IL TEMPO

Uno dei più significativi utilizzi della variabile del tempo si trova all'interno della tecnica del Change Detection. Per Change Detection, letteralmente *individuazione del cambiamento*, si intende quella tecnica di elaborazione che identifica i mutamenti che intervengono su un oggetto, attraverso la sua osservazione in momenti successivi. Essenzialmente è la capacità di interpretare l'evoluzione di uno scenario, nel nostro caso, di un territorio, attraverso l'individuazione e/o discriminazione delle variazioni ambientali e urbane, partendo da una serie di immagini telerilevate ad alta risoluzione in diversi periodi. Tramite il Change Detection si realizza il monitoraggio, e quindi la tracciatura, di variazioni altrimenti non rilevabili tramite rilievi a campione.

In particolare, le immagini satellitari offrono un'informazione reale ed aggiornata grazie all'elevato grado di dettaglio geometrico. Le principali tecniche di acquisizioni delle immagini sono effettuate tramite due tipologie di sensori, Multispettrali e SAR (*Synthetic Aperture Radar*), presenti su vettori di vario tipo come i satelliti, gli aerei e i droni.

I principali campi di applicazione sono riconducibili a:

- analisi del cambiamento di destinazione dei terreni;
- monitoraggio delle aree di coltivazione;
- monitoraggio delle aree sottoposte a deforestazione;
- identificazione delle zone interessate da fenomeni di abusivismo edilizio;
- monitoraggio delle discariche e dell'estensione delle cave;

- valutazione dei danni in seguito ad eventi catastrofici;
- rilevazione dello stress delle colture;
- analisi giorno/notte delle caratteristiche termiche e di altri cambiamenti ambientali.

Nel telerilevamento si fa riferimento alle differenze riscontrate nei valori di riflettanza dei pixel, mantenendo, per quanto possibile, la distinzione da quei cambiamenti che sono causati da differenze nelle condizioni atmosferiche, illuminazione, angoli di visuale e livello di umidità del suolo. Lo svolgimento di una corretta analisi di Change Detection fornisce molte informazioni sul cambiamento avvenuto, come le zone interessate dal cambiamento, il loro rateo di trasformazione, la distribuzione spaziale e la tipologia. Compito dell'elaborazione e della successiva fase di verifica e validazione, è determinare la qualità e l'accuratezza dei risultati ottenuti.

In genere, nell'implementare il Change Detection ci si riferisce ad una metodologia impostata su tre passi procedurali:

- pre-processing dell'immagine includendo la rettificazione geometrica e la registrazione dell'immagine, le correzioni radiometriche e atmosferiche e le correzioni topografiche se l'area oggetto di studio è montana;
- selezione della tecnica più adatta per l'implementazione dell'analisi;
- valutazione dell'accuratezza del risultato.

Le tecniche con cui è stata effettuata la Change Detection sono numerose, anche se l'obiettivo finale è stato sempre quello di garantire la possibilità di quantificare quattro diversi tipi di cambiamento:

- dell'identificazione di una caratteristica;
- della localizzazione di una certa caratteristica;
- della forma di una certa caratteristica nel tempo;
- della grandezza di una certa caratteristica nel tempo.

Le procedure di base fornite dai GIS e di utilizzo nella Change Detection includono la registrazione di mappe, la ri-proiezione e le funzioni di scala. Tale software risulta essere un ambiente ideale per questo tipo di analisi poiché adotta metodi sviluppati per catalogare, organizzare e valutare i dati spaziali. Tre sono i modelli principali che integrano i dati temporali con database spaziali:

- **Snapshot model**. È il modello più semplice da applicare. La Change Detection è ottenuta dalla sovrapposizione di versioni temporalmente separate di uno stesso tema nello spazio bidimensionale in modo da sviluppare l'isolamento delle aree rappresentative del cambiamento tra due momenti discreti. Una distinzione importante tra il metodo in questione e il Time-space composite riguarda la modalità con cui il tempo è memorizzato. Il modello Snapshot non integra direttamente nel database il tempo: gli Snapshot sono indipendenti da esso. Ciò significa che ognuno contiene la data della risorsa iniziale. Poiché gli Snapshot non hanno la struttura di dati topologici necessaria ad archiviare informazioni temporali, essi non hanno modo di integrare lo stato di un oggetto tra quelli temporalmente adiacenti. Il modello Snapshot tratta gli elementi contenuti in ogni istantanea come uno stato omogeneo indipendente dagli altri.

- **Base map with overlay.** Il modello consiste nella generazione di nuove informazioni attraverso la fusione, ovvero l' Overlay di una sequenza di informazioni origine. In questo modo si ottiene un ambiente in cui tutto il set di dati può essere analizzato con continuità.

- **Time-space composite.** Il modello è utilizzato per gestire ed analizzare i dati spazio-temporali usando sia la configurazione dei database temporali, sia quelli storici. Nei database temporali viene combinata la traslazione nel tempo e il tempo reale. L'utilità di immagazzinare le informazioni temporali con questo metodo è duplice: il primo aspetto fornisce i tempi come campionati mentre il secondo specifica quando l'evento è realmente accaduto. Il database storico preserva l'individualità degli eventi. Esso utilizza il tempo reale aggiungendo la specificità del collocamento degli eventi lungo la linea cronologica. Inserendo temporalmente i dati spaziali in un modello composito si può dimostrare se il tempo influenza la topologia dei dati spaziali. Ogni caratteristica mappata nei dati compositi è un insieme di ogni cosa la caratteristica è stata o diventerà. Concettualmente muovendosi in avanti in un composito i dati spaziali si decompongono in piccole parti. Muovendosi indietro viene richiesto che i dati spaziali frammentati siano nuovamente assemblati in un aggregato. La continuità indotta dall'aggregazione è resa possibile dalla presenza di attributi dipendenti dal tempo nel database. Questi riassemblano i frammenti formando aggregati o disassemblano aggregati in segmenti.

L'accuratezza dei risultati della Change Detection dipende da diversi fattori tra cui: la precisa registrazione geometrica tra immagini multi-temporali, la calibrazione o normalizzazione tra immagini multi-temporali, la disponibilità di dati come verità a terra, la complessità del paesaggio e dell'area di studio, le tecniche e gli algoritmi utilizzati, la classificazione, l'abilità e l'esperienza degli analisti, la conoscenza e la famigliarità con la zona di studio e le limitazioni dovute alle tempistiche e ai costi.

Gli errori più significativi del processo di Change Detection sono suddivisi nei seguenti gruppi:

- errori nei dati: risoluzione, accuratezza nella localizzazione e qualità dell'immagine,
- errori nel pre-processing: accuratezza delle correzioni geometriche e radiometriche,
- errori nell'adozione del metodo di Change Detection e nei processi: classificazione ed estrazione dei dati,
- errori nella verifica a terra: accuratezza dei riferimenti a terra - errori nel post-processing.

Le tecniche per valutare l'accuratezza in Change Detection hanno origine da quelle adottate nella classificazione delle immagini telerilevate. Ciò che viene fatto per una singola immagine è esteso a serie bi-temporali o multi-temporali. Tra le varie tecniche quella più efficiente e utilizzata è la matrice di confusione della classificazione. Una sua variante è stata proposta da Congalton e Macleod (1994). Essa ha le stesse caratteristiche di una matrice di confusione classica ma con la differenza di poter valutare gli errori nei cambiamenti tra due periodi differenti e non quelli della classificazione dell'immagine singola. Mentre ad esempio una matrice LC/LU (Land Cover/Land Use) di una singola immagine è di dimensioni 4x4, nel caso di questa nuova tipologia di verifica si avrà dimensione 16x16 cioè il numero delle classi della singola elevato al quadrato. In tale modo la nuova matrice valuta l'accuratezza del cambiamento misurato per confronto tra due mappe alla volta e relative ad anni diversi. Sono stati utilizzati anche alcuni metodi alternativi nell'analizzare e valutare la Change Detection nell'ambito del LC/LU poiché è molto difficile avere a disposizione dataset multi-temporali attendibili dei riferimenti a terra.

Per ottenere riferimenti a terra bi-temporali, gli approcci genericamente utilizzati sono tre: esame a terra con l'assistenza di dati GIS storici, immagini ad alta risoluzione simultanee, o molto ravvicinate tra loro nel tempo, e interpretazione visiva. Ciascun metodo ha i suoi vantaggi e svantaggi e l'adozione di uno piuttosto che dell'altro dipende dal tipo di applicazione.

Per una Change Detection in grado di coprire un arco temporale lungo è molto difficile avere dati di riferimento a terra. Al momento, la letteratura suggerisce che la valutazione dell'accuratezza è soprattutto basata sul pixel e solo piccoli lavori sono stati fatti per stimare quella a livello di caratteristiche o di oggetti. D'altro canto molto sforzo è ancora richiesto per sequenze d'immagini lunghe nel tempo specialmente quando i dati a terra sono insufficienti o impossibili da ottenere. In questi casi la metodologia della valutazione dell'accuratezza deve essere fatta da un nuovo punto di vista. Le condizioni ambientali e le caratteristiche delle analisi che si vogliono portare a termine condizionano la scelta del sensore da utilizzare per l'acquisizione delle immagini da elaborare. In condizione di scarsa luminosità o in luoghi soggetti a fenomeni di copertura nuvolosa, è preferibile usare immagini satellitari SAR, che, grazie alla lunghezza d'onda utilizzata, permettono la penetrazione delle nuvole e non dipendono dal grado d'illuminazione della scena in esame. Se, invece, vogliamo avere un'analisi più approfondita dello stato della vegetazione presente in una specifica zona del territorio è necessario usare immagini provenienti da sensori multispettrali, che permettono di estrapolare le informazioni sullo stato delle piante tramite il calcolo di indici come l'NDVI.

3.1   Metodologie di Change Detection

Due sono le tecniche di riferimento per effettuare il Change Detection di un test site:

- **Post-Classificazione**. Il risultato della classificazione di due o più immagini viene comparato confrontando le variazioni delle aree individuate in base alla tipologia di terreno od alla destinazione d'uso. L'analista, quindi, è in grado di produrre mappe di cambiamento che mostrano la matrice completa delle variazioni. Il confronto Post-Classificazione è anche interessante poiché i dati provenienti da due diverse acquisizioni sono separatamente classificate, minimizzando così il problema derivante dalla normalizzazione atmosferica e dalle caratteristiche del sensore. Il metodo minimizza anche il problema di ottenere una co-registrazione accurata delle immagini multi-temporali. L'accuratezza di questo metodo dipende fortemente dalla qualità del processo di classificazione applicato.

- **Pre-Classificazione.** Si applica direttamente alle immagini originali e fa uso di varie tecniche di elaborazione come la PCA per le immagini multi-spettrali e il CFAR (Constant False Alarm Rate) Detection per le immagini di tipo SAR.

Per quanto riguarda l'analisi di Pre-Classificazione, si possono prendere in considerazione sia le immagini multispettrali (LANDSAT), sia quelle SAR (per esempio provenienti dalla costellazione COSMO-SKYMED dell'Agenzia Spaziale Italiana – ASI- o TANDEM-X dell'agenzia spaziale Tedesca - DLR.

Relativamente alle immagini Multi-Spettrali, si può utilizzare il metodo basato sulla PCA (Principal Component Analysis) che permette di analizzare le bande delle immagini, acquisite ad intervalli temporali successivi, come fossero un'unica immagine, evidenziando maggiormente i cambiamenti e lo stato di salute della vegetazione della scena di osservazione.

Principal Component Analysis (PCA)

La PCA è una tecnica per la semplificazione dei dati utilizzata nell'ambito della statistica multivariata. Fu proposta nel 1901 da Karl Pearson e sviluppata da Harold Hotelling nel 1933. È nota anche come trasformata di Karhunen-Loève (KLT), trasformata di Hotelling o decomposizione ortogonale propria (POD, dall'inglese proper orthogonal decomposition). Insieme all'analisi delle corrispondenze e all'analisi delle corrispondenze multiple, appartiene all'analisi fattoriale.

Lo scopo primario di questa tecnica è la riduzione di un numero più o meno elevato di variabili (rappresentanti altrettante caratteristiche del fenomeno analizzato) in alcune variabili latenti (feature reduction).

Negli studi multi-temporali la PCA, per due o più date, è spesso assimilata all'immagine differenziale o alla regressione (Lodwick 1979). In alternativa, due scene acquisite tramite le quattro bande Landsat della stessa area in date diverse, possono essere sovrapposte e trattate come un singolo set di dati a otto bande. La PCA di questo set di dati deve evidenziare le differenze sostanziali associate alla radiazione globale, ai cambiamenti atmosferici che appaiono nelle componenti principali delle immagini ed alle variazioni statisticamente poco significative associate ai cambiamenti locali nella morfologia del suolo che appaiono nelle componenti minori delle immagini (Byrne et al. 1980, Richardson e Milne 1983).

Byrne et al. (1980) e Richardson e Milne (1983) hanno studiato l'efficacia dell'uso della PCA rispettivamente, nell'individuazione di cambiamenti d'uso del suolo, nella mappatura di incendi boschivi e nella successiva rigenerazione della vegetazione. Tuttavia, essi non hanno fornito alcuna analisi quantitativa dei loro risultati.

Townshend et al. (1985) ha usato questa tecnica per esaminare la struttura nascosta nei rapporti fra le immagini NDVI (*Normalized Difference Vegetation Index*), derivate dal NOAA AVHRR (*Advanced Very High Resolution Radiometer*), del continente africano e di quello nord americano, in diversi periodi all'interno di un singolo anno solare.

Inoltre, nel telerilevamento, la PCA è di solito eseguita tramite l'utilizzo di variabili non standardizzate (matrice di varianza-covarianza). Tuttavia, è stato chiaramente dimostrato da Singh e Harrison (1985) che l'uso di variabili standardizzate (matrice di correlazione) nella PCA produce risultati significativamente differenti. Singh (1984, 1986) ha utilizzato sia la PCA standardizzata che quella non standardizzata per rilevamento variazioni nella foresta tropicale.

Per uno studio approfondito dell'evoluzione degli interventi antropici si sono utilizzate le immagini SAR che, attraverso lo studio delle mappe di coerenza e ampiezza, permettono di identificare al meglio l'evoluzione della scena di osservazione.

Metodi utilizzati con immagini SAR:

- **CFAR** (Constant False Alarm Rate) detection. Il metodo consiste generalmente nel muovere una finestra di grandezza fissata all'interno di un'immagine e comparare il valore del pixel centrale con la media e la deviazione standard dei pixel appartenenti al suo intorno inclusi nella finestra in esame. Nel caso del Change Detection, il calcolo, si esegue su di un'immagine di riferimento ottenuta moltiplicando i valori dei pixel della coppia d'immagini da analizzare.

- **Adaptive filtering**. Il metodo si basa sull'applicazione di un filtro adattivo, che permette di ridurre il rumore dovuto allo speckle dell'immagine originale SAR, e, in seguito, sull'identificazione dei cambiamenti attraverso il confronto con un valore di soglia prefissato. Inizialmente si genera un'immagine di riferimento, come nel caso del CFAR, poi si applica una scala logaritmica all'immagine per facilitare il lavoro del filtro adattivo. In seguito si esegue il confronto con il valore di soglia predeterminato.

3.2 Bibliografia

- Remote Sensing for Sustainable Forest Management – Book - Steven E. Franklin

- Knoth C, T Prinz & P Loef, 2011. Microcopter-based infrared (CIR) close range remote sensing as a subsidiary tool for precision farming. Proceedings of the ISPRS Workshop on Methods for Change Detection and Process Modelling (University of Cologne)

- Robert E. Kennedy, Philip A. Townsend, John E. Gross, et al., 2009, Remote sensing change detection tools for natural resource managers: Understanding concepts and tradeoffs in the design of landscape monitoring projects, Elsevier.

- Wood, R., Handley, J., 2001. Landscape dynamics and the management of change. Landscape Res. 26 (1), 40–54.

- Wright, P. Macklin, T., Willis, C., Rye, T. 2005. Coherent Change Detection with SAR. 2nd EMRS DTC Technical Conference, Edinburgh

- Zebker, H. A. and Villasenor, J. 1992b. Studies of temporal change using radar interferometry, SPIE Synthetic Aperture Radar, vol.1630, pp.187-198

- Dekker, R.J. 1998. Speckle filtering in satellite SAR change detection imagery. International Journal of Remote Sensing, Vol. 19, No. 6: 1133-1146.

- Gatsis, I. and Koukoulas, S., 2009. Human induced land cover/use changes in lesvos island (greece), during the 1984- 2007 period. In: Proceedings of the 11th International Conference on Environmental Science and Technology, Chania, Crete, Greece.

- Wang, M. and Howarth, P. J., 1993. Modeling errors in remote sensing image classification. Remote Sensing of Environment 45(3), pp. 261–271.

- SAR change detection techniques and applications - R.J. Dekker -TNO Defence, Security and Safety, The Hague, The Netherlands.

- Tesi di laurea di Marta Luppi in telerilevamento e GIS. Titolo: tecniche di utilizzo e classificazione di immagini satellitari multispettrali in un'ottica di pianificazione e gestione delle emergenze umanitarie. Università di bologna.

- Comprehension of temporal land use dynamics in urbanizing landscape - Ramachandra T.V, Bharath H. Aithal, Vinay S.Centre for infrastructure, Sustainable Transportation and Urban Planning [CiSTUP], Indian Institute of Science, Bangalore.

- Review article digital change detection techniques using remotely-sensed data, Ashbindu Singh, international journal of remote sensing. Indian Forest

Service, Ministry of Environment and Forests , Paryavaran Bhavan , New Delhi, India. Published online: 08 Jul 2010.

- Byrne, G. F., Crapper, P. F., and Mayo, K. K., 1980, Monitoring land cover change by principal component analysis of multitemporal Landsat data. Remote Sensing of Environment, 10, 175–184.

- Richardson, A. J., and Milne, A. K. (1983), Mapping fire burns and vegetation regeneration using principal components analysis. In Proceedings of IGARSS '83 Symposium, San Francisco, pp. 51–56.

- Singh, A.; Harrison, A. Standadized Principal Components. International Journal of Remote Sensing, 6 (6) : 883-896, Jun. 1985.

www.ingramcontent.com/pod-product-compliance
Lightning Source LLC
Chambersburg PA
CBHW061233180526
45170CB00003B/1271